片岡K

ジワジワ来る🐾🐾（猫猫）

幻冬舎

はじめに

あの。

いきなり、とんでもない告白をさせてもらっていいですか？

実はボク、犬派なんです。

あ、もちろん犬も猫も、どっちも飼ったことありますよ。

両方飼ってみて、で、お前はどっち派なの？　と聞かれたら、

まーどっちかと言うと、犬派かなあ、と。

そんな感じでして。

じゃあなんで猫の本なんか作ったんだって？

その理由は、この本の最後に書こうと思ってます。

なんかすいません。

犬派が作った猫の本で、すいません。

片岡 K

1 寝る 007
コラム 4時間睡眠 018

2 飛ぶ 021
コラム サプライズ飛行 032

3 狭い 035
コラム 狭いトンネル 046

4 高い 049
コラム 高いモノには勝てない 060

5 怒る 063
コラム 怒らない監督 074

6 化ける 077
コラム 化ける女 088

7 切ない 091
コラム 「切ない」の英訳 102

8 大好き 105
コラム ボクの大好物 116

9 大嫌い 119
コラム よそのコ、大嫌い 130

10 トモダチ 133
コラム トモダチがいない 144

11 オシャレ 147
コラム オシャレな言葉 158

12 おブス 161
コラム おブスの中にアリ 172

13 意外性 175
コラム 意外性の男 186

14 可愛すぎる! 189
コラム 可愛すぎる女、必勝法 200

003 はじめに
204 おわりに

1

寝る

木の上で、寝てもうた。

公園のベンチで、熟睡。

ちょっと匂うけど、それが安らぎ。

猫は植木鉢でまっるくなるっ。

勉強中に落ちました。

僕はギターでぐーぐー。

んじゃ母ちゃん、ケースいただき。

あおむけ。

うつぶせ。

反りかえり。

はみ出し。

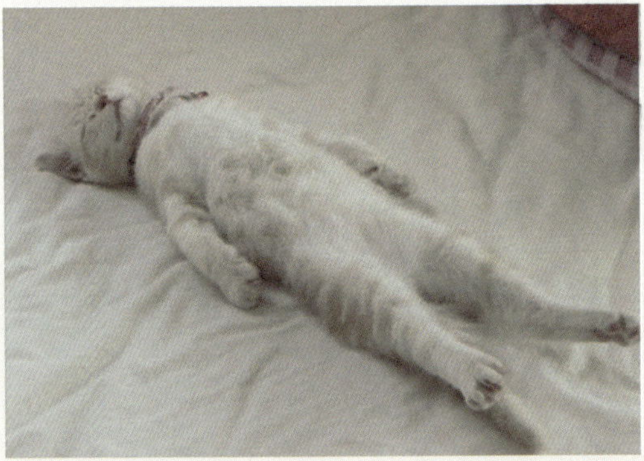

ピキーン。

朝方は冷えるのう。

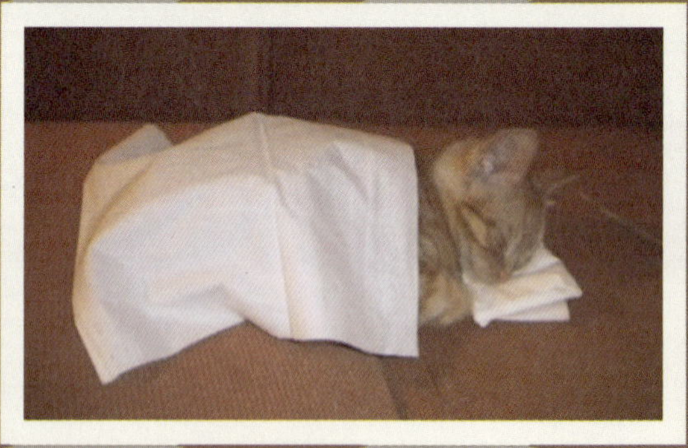

ティッシュ布団。

父・母・オレ——川の字。

「すぴーっ。すぴーっ」

「ちょっとごめんよー」
「んぐぐ」

「すぴーっ。すぴーっ」
「すぴーっ。すぴーっ」

今日はどんな夢を見るかニャー。

「バンザーイ!」の夢?

「潜水」の夢?

古いけど「シェーッ」の夢!

「走り高跳び（ベリーロール）」の夢！

「夏の湘南」の夢だろ？

「スリラー」の夢じゃないの？

「レシーブ」の夢だね。

「初夜」の夢だったりして。

「ふわあああーっ。そろそろ寝るか」

4時間睡眠

あれは、高校1年のただダラダラ過ごしただけの夏休みが終わるほんのちょっと前のことだった。お昼前になってようやく目を覚ましたボクは、飼い猫（チョビ）とジャレながらふとこんなことを思った。

「24時間のうち毎日8時間は寝てるなあ。24分の8＝3分の1、ということはこのままだとボクは人生の3分の1を寝て過ごすことになるのか？」

待て待て待て。いくらなんでももったいない！　睡眠時間をもう少し減らさなきゃ。仮に今の睡眠時間を2時間減らして毎日6時間睡眠でやっていったらどうか。これなら寝ている時間は24分の6＝4分の1に減る。ようし、ならばもうひと頑張りして睡眠時間を4時間にしてみようじゃないか。これなら寝ている時間は24分の4＝6分の1。残り6分の5を起きているんだから、誰よりも充実した生涯を送れるぞ！　おおっ、なんという画期的なライフスタイル！　ひょっとしたらノーベル賞級の発見かもしれない。

どうかね川端康成君。キミもそう思わんか？　えーっと、トンネルを抜けるとどこだって？　雪国だって？　言うじゃないのーキミも。

さっそくその夜からボクは4時間睡眠を始めた。しかしさすがに翌朝はつらかった。ボーッとしているうちに1日が終わってしまった感じだ。だが人間ってすごいね。日を追うごとに体が順応していくんだ。少ない睡眠時間に慣れてくる。驚いたことに10日後には4時間きっかりで目が覚めるようになった。

翌日から2学期が始まる。今学期ボクは同級生たちに圧倒的な差をつけるに違いない。なにしろ生活時間が20時間もあるのだ。勉強時間も……待て。ちょっと待て。それよりもまず彼女と過ごす時間を増やそう。そうすれば藤本君ひとりを残し、校内チェリーボーイ2トップからオサラバできるのだ。グッバイ童貞、ハローおとなの世界。今後の展開を想像し鼻息が荒くなったボクは、その勢いのまま高校生男子なら誰でも行うひとり遊びに没入した。

ハッと目が覚め、時計を見る。朝の5時半だった。しまった、ひとり遊びで眠りに落ちたまま6時間も寝てしまったじゃないか。台所にはなぜか母がいた。かあちゃんおはよう今日はずいぶん早いんだねえ、学校行くまでまだまだ時間あるじゃん、何もうメシ作るの？

「今日から2学期だっけ？」と母は目を丸くした。

まったく呑気（のんき）な親だ。昨日で夏休みは終わったじゃん。今日からバリバリ2学期に決まってるじゃん！　とテレビをつけた。映し出されたのは大相撲中継だった。え？　大相撲？　なんで？

事態を飲み込むのに20秒ほどかかった。朝ではない。２学期初日から欠席したボクが18時間の深い眠りから目を覚ましたのは、夕方5時半だったのだ。

人間の体って本当にすごいね。睡眠不足が続けば、絶対どっかで爆睡して取り返すようにできてるんだから。翌日からボクの睡眠は8時間きっかりに戻っていた。

2

飛ぶ

獲物を発見した猫は――

驚くほど、飛ぶ。

最初はトランポリン
のごとく、飛ぶ。

ドヤ顔で斜めに、飛ぶ。

「チッ、うるせーな」の人が
やる競技みたいに、飛ぶ。

ゲッツーでジャンピングスローする
坂本勇人。

ハサミどり。

男たちのモチベーションが倍増。

どうしても見たかった！

空中でバトル。

蝶が舞い――

ハチが刺す！

飛びすぎて引っ掛かりました。

木から木へと飛び移り、

人間を乗りこなせ！

飛べないなら、
気持ちだけでも？

あるいは、PUMAの
ロゴになりきってみるとか。

ただし、噴射はいけません。

どうしても飛べない場合、
こんな方法もあります。

サプライズ飛行

どんな女のコだってサプライズには弱いはず。もちろんボクの彼女も。1996年のクリスマスイブ、ボクは彼女を埼玉のヘリポートに連れて行った。まもなく東京上空へ向けてボクたちを乗せたヘリコプターが夜の遊覧飛行へ飛び立つ。そして、ボクの仕掛けたサプライズが待っている。

同じ頃、普段ボクにこき使われているADたち7人は、1人5000円の報酬で日比谷公園に集合していた……はずなのだが、実際には1人足りず、6人だったらしい。セカンドADの新谷に野暮用（たぶんデート）ができたことをボクは知らなかった。

プロペラが廻るヘリに乗り込んだ時、ボクは手のひらにぐっしょり汗をかいていた。撮影で何度か乗っているものの、実はヘリコプターが苦手だった。だが、今日は一世一代のサプライズ飛行。彼女にカッコ悪いところを見せるワケにはいかなかった。

2人を乗せたヘリコプターがふわっと浮き上がった。そして、やや傾いた状態でフラフラ風に飛ばされるみたいに（実際はそんなことなく真っ直ぐスーッと上がっているらしいけど、乗ってる側はなんとなくそんな感覚なんだ）上昇していった。彼女は初めてのヘリ飛行で怖かったのだろう。ボクの手を握ってきた。握られた手が汗でビショビショなことを思い出し、ボクはすぐさま手を離してズボンの太ももあたりで汗を拭いた。そしてカッコ良く紳士的に、やさしく彼女の手を握り返した。本当は怖くて怖くて、彼女のオッパイに顔をうずめたかったけど、グッと我慢だ。

東京上空に到着した時、頭が真っ白になった。ヘリの怖さも、オッパイに顔をうずめたい願望も、すべて吹っ飛んでしまった。それぐらい、空から見た東京の夜景は美しかった。暗黒の海に巨大な宝石箱をひっくり返したみたいだ。キラキラと煌めく灯り。こんなロマンチックでうっとりする光景、人生で初めて見た。彼女も感激していた。

ヘリコプターがゆっくりと東京タワーを旋回した。来た。いよいよサプライズの時間だ。それは、ボクが彼女に結婚を申し込む瞬間だった。しかし、飛行中のヘリの中で会話してもほとんど聞き取れない。ボクが言葉をつぶやく。が、聞こえない。もう一度つぶやく。が、やっぱり伝わらない。「何？　え？　何？」聞き返す彼女に対し、ボクは窓の下を指さす。そこはちょうど日比谷公園の上空。バッチリだ。すべては計画通り。

ヘリのプロペラ音が近づいて来たので、ADたちは1辺が1メートル以上ある7枚のプレートを空にかざした。7枚の文字が並ぶと「ケッコンしよう」という言葉になってヘリから見える。これがボクの仕掛けたサプライズだった。

ただ、1人欠けてしまったため、一番体の大きい小藤が「コ」と「ン」の2枚を担当することになっていた。両手を伸ばして2枚を空へ向ければ、6人でも大丈夫なはずだ。

そう、小藤が右手と左手のプレートを間違えなければ。

彼女が空から見た文字は「ケツンコしよう」になっていた。ばかやろう、ケツでンコしてどーする。

あと一歩のところで演出通りには決まらなかったサプライズ。それでも彼女にはボクの気持ちが十分伝わったんだと思う。だって、彼女の大きな瞳から涙がボロボロこぼれていたし、のちに彼女はボクの妻になってくれたぐらいだから。

3

狭い

猫はなにしろ狭いトコロが好き。

見つけたら、すぐに入り込む。

ボクの定位置は、シンク。

特にダンボール箱は——

最高だわ〜。

外でもダンボールを見つけたら、こうなる。

小さくても箱の中。

太っても箱の中。

狭い

こっちは白猫専用なのに。

ツボ。

リュック。

走り出したら大変。

洋服ダンスも狭くて大好き。

犬の上。

犬の中。

そこ、イイなあー。

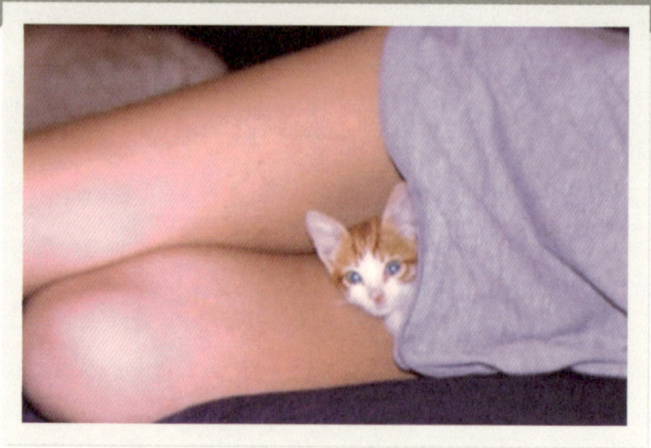

そこ、もっとイイなあー。

寒い冬は狭いトコロでじっとしている。

みんな殺到すると、狭くなる。

狭いトコロは大抵あったかいのだ。

暑い夏でも、やっぱり
狭いトコロだったりして。

狭いトコロへ入ったら、捕まった。

さすがに狭すぎた！

狭すぎて体の向きを変えられません。

コラ！　出てきなさい。

狭いトンネル

小学生のボクが最も熱中した遊びは「秘密基地ごっこ」だった。あの頃テレビの特撮人形劇「サンダーバード」に感化された小学生なら、絶対に同じような遊びをしたことがあるはず。「サンダーバード」に出てくる国際救助隊の秘密基地はなにしろカッコ良かった。一見するとそれは南太平洋に浮かぶただの島なのだが、実は21世紀の科学技術によって作られた人工の島で、中にはサンダーバード1号や2号が隠れているのだ。

この番組に完全に感化されたボクは、近所に空き地や空き家を見つけては秘密基地を作った。しょせん、小学生の遊びにすぎない。基地と言ってもそれはせいぜいおもちゃや漫画本を隠してるスペースで、科学技術どころか日曜大工すら必要なくできてしまう。それでも、ボクの基地をそこそこ基地らしく見せてくれたのは、カッちゃんのおかげだった。カッちゃんの家は材木屋さんなので、カッちゃんのお父さんに頼めばいらなくなった木材をもらえたのである……というのは嘘で、本当はカッちゃんのお父さんの目を盗んではカッちゃんと一緒に木材を運んでいた。早い話がカッパライである。

竹林（おそらく誰かの私有地）の中に（勝手に）作ったボクの第3基地は、自慢のアジトだった。基地自体はトタンとボロキレで作った2畳ほどの空間だが、そこへ入るトンネルがカッコ良かった。林の入り口から基地まで3メートルほど細長い溝を掘って、上にカッちゃんの家からパクった木材をかぶせたトンネル。木材の上には雑草を撒いて必死にカムフラージュしてある。中は小学生がほふく前進でしか進めない狭いトンネルで、トンネルの存在を知っているのはボクとカッちゃんだけ。しかもこのトンネルを通らなければ基地には絶対たどりつけないのだ……というのは嘘で、本当は普通に歩いても行けた。ただ、ボクとカッちゃんの間ではそういう「設定」になっていただけである。

小学校高学年になって基地遊びのことなどすっかり忘れていたある日、ボクはふと第3基地の存在が気になった。そういえばあの基地の中に、大事な参考書を置きっぱなしだった……というのは嘘で、本当は大事な大事な「エッチな漫画」を置いたままだった。どうしてももう一度あのエッチな漫画を読みたい！　そう思ったボクは、1年ぶりに第3基地へ向かった。

歩いて基地まで行けばいいのに、ボクはわざわざ細くて暗いトンネルに潜り込んだ。そして、洋服を泥だらけにしながらほふく前進で進んだ。それが第3基地のルールだったからだ。トンネルの中ほどで後頭部の方からゾワゾワゾワ……という不思議な音が聞こえた。何だ？と思ったが、確認のしようがない。たった1年でボクの体はトンネルぎりぎりのサイズに成長していて、中で寝返りをうつことさえできなかったからだ。

とその時、うなじのあたりにもぞもぞとくすぐったい感じがあった。「うひゃっ」と思わず体を起こした。同時に木材が外れて秘密のトンネルが壊れた。その時目にした光景を、ボクは一生忘れることができない。何の虫だかわからない。わからないけど、何かの虫の小さな幼虫、しかも何千匹という数の幼虫たちが、木材のウラにびっしりと張り付いていた。ゾワゾワゾワ……という あの音は無数の幼虫たちがうごめく音だったのだ。そしてボクのうなじあたりには数匹の幼虫がくっついていた。「ぎゃあああーっ」状況を飲み込んだ途端、ボクは絶叫しながら竹林を抜け出した。

4

高い

猫はどこまでも登って――

姿が見えない時は、
決まって高い所にいる。

上から目線。

少しでも高い所に登りたがる。

高い所には気になるヤツがいるし。

旨いもんが隠れていたりするから。

たまにピンチもある。

届きそうで届かないジレンマ。

股が裂けそうになったり。

上にも下にも行かれない……。

急にパニクることもある。

それでも他の動物より
高い場所にいたい。

人間よりも上にいたい。

高いっ！　と必死になっても、
実は低かったりする。

「兄ちゃんが取ってやるよ」

時には力を合わせて、高くなる。

値段の高い食い物も大好き。

「母ちゃん、電球替えてやるよ」

単純にお金も好き。

「何コレ。高そうだねぇー」

ペットホテルは高くても、
主人がいないから嫌い。

プライドも高い。

なので、王様扱いされる
のは悪くない。

教養も高い。

高いもの。芸術性。

そして運動神経も高い。

ブレイクダンスのテクも
かなり高い。

高いもの。将棋の段位。

「悔しかったら、ここまで来てみろや」

高いモノには勝てない

高いモノには勝てないな、といつも思う。まずボクは、高い場所が怖い。女のコと観覧車に乗るたびに「一番てっぺんまで行ったらキスしよう！」などと企んでいるものの、実際にてっぺんまで行くと怖くて足がすくみ、キスどころではなくなってしまう。

ボクは声を大にして言いたい。遊園地のアトラクションはどうして毎回毎回あんなに高い所へボクを連れて行くのだろうか。ジェットコースターなんて乗り物、一度も楽しかった経験がない。お金を払ってなぜわざわざあんな恐怖を味わわなくてはならないのか。冗談じゃない。冗談じゃないと思いながらこれまでに何度も乗った経験があるのは、隣に乗った女のコが「きゃあああ」なんて言って抱きついてくれるかもしれないという淡い期待があるからです、すいません。でも結局、アレに乗っている間ずっとボクは体を硬直させて目をつぶり、ただひたすら「早くこの時間が終わってくれええ」と願うばかり。よし決めた。もう二度と乗らない。死ぬまで乗らない。完敗だ。

金銭的な面でも、ボクは高いモノに非常に弱い。高いと知った瞬間に、いつも負けてしまう。気取ったボーイさんに「こちらシャトーブリアンです」なんて言われて肉料理を出された瞬間、「旨いっ」と言いそうになっちゃうぐらいだ。食ってないのに。

ロマネコンティという超高級ワインをご馳走になった時のこと。ボクのグラスに注がれたほんの150ccほどの液体を「それだけで8万円ぐらいだ」と小山薫堂クンに聞かされた。そう聞いてしまうと、飲んだ後の感想はもちろん「うわーこんな旨いワインは人生で飲んだことがない！ 死ぬほど旨い！ ああ、もう死んでもいい！」になってしまう。その時は本気でそう思った。心底そう感じた。だけど、後から考えるとまるで自信が持てなかった。実際の話、ボクはその3日後ぐらいにロマネコンティと同じ品種で、ロマネコンティの数メートル先の畑で穫れたという葡萄で作った1本2万円のワインを飲んだのだが、これも死ぬほど旨かった。最初に金額を聞かされなかったら、こっちに軍配を上げていたかもしれない。いや、この際だから白状します。正直言うと、ワインなんか何飲んでも旨いや。800円のワインも1万円のワインも100万円のロマネコンティも、ボクの舌にはほとんど判別不能。小山薫堂クンに完敗である。

でもね。そりゃそうだろーって思う。だってあんなもの、食文化も食生活もまったく違う遠い異国の人たちの嗜好品じゃないか。ボクたち日本人にいったい何がわかると言うのか。だってさ、もしもアフリカあたりの人たちが「日本酒の中でも久保田の萬寿は格別だよなあ、千寿よりも味が柔らかくトゲがない」なんて品評してたら、どうするよ？ボクなら頭突きの一発でも食らわせるけど？「醤油も味噌も知らずに育ったお前らが、偉そうに日本酒を語るんじゃねえっ！」とタンカも切るけど？　そんなタンカを切ったボクでさえ、ホントのこと言えば萬寿も千寿もよくわかんなかったりするからね。フランス人やイタリア人だって、似たようなもんじゃないかと思うんだよ。

と、ここまで書いて、キッチンの下に久保田の萬寿が大事にしまってあることに気付いた。冷蔵庫の中にはドンペリのロゼも冷えてる。もう2年か3年ぐらいずっと冷えてるような気がしないでもない。いつか何かイイ事があった時に飲もうと決めている。やっぱり旨い酒だもん。なぜ旨いかって、言うまでもないでしょ。値段が高いからじゃん。高いモノには勝てないのだよ。乾杯だ。

5

怒る

猫の怒り度を弱・中・強の3段階に分けてみました。

「しろいねこ」より

「え？　似合わない？」

「似合わないですって？」

「に、似合わないだとおお？？」

ただしその怒り度は、猫の口調と
必ずしもリンクしません。
たとえば同じ喧嘩のシーンでも、

「キサマ！　もう一度
言ってみろっ！」

「もう一度言ってみろやー」
「おまえこそ言ってみろやー」

「あん？　何？
もう一度言ってみ？」

まったく同じ口調でも、
怒り度が違う場合があります。
たとえばこれらは台詞のない
「無言の怒り」ですが、

「……」

「……」

「……」

それでは、怒る猫の姿を弱 中 強のマークとともにお楽しみください。

「ヒマだ……ヒマすぎる」

「あーヒマだああああああ」

「こんな格好させんなよ」

「ふざけんじゃねーっ!!」

「風呂は好かんのう」

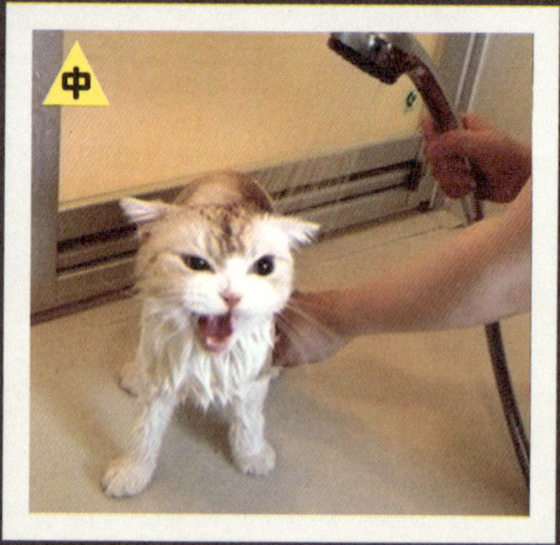

「やめろ！
シャワーかけんなっ！」

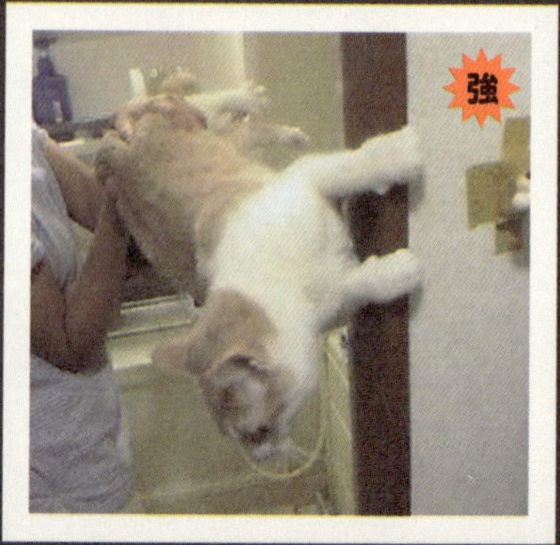

「やだあああ!!
風呂は絶対やだあああ!!」

「おい、メシこれだけ？」

「まさかメシがこれだけってことはないよな？」

「やだ。ここから出たくない」

「出せっ！　早く俺を出せっ！」

「シャーッ！
いつでもかかって来いやー」

「く……悔しいっ！」

「食らえっ!!」

「ちょっ母ちゃん！
勝手に部屋開けんなって！」

「けっ、笑わせやがって」

「ふははははーっ！
笑わせやがって！」

「ネットつながんねーじゃんか！」

「あいつらデキてたんかああああーっ!!」

あんまり猫を怒らせないでね。

怒らない監督

ボクは撮影中は絶対に怒らない。助監督を叱ることもない。殴るなんてもってのほかで、何か失敗したら思いっきり笑ってやることにしている。そのせいか、体育会系の人には「片岡組は仕事してるのか遊んでいるのかわからない」なんて言われてしまう。

この仕事についてまだ間もない頃、ボクはモロ体育会系のディレクターの下で働かされた。毎日何かにつけてボクを殴ったり蹴ったりする先輩だった。食事を終えるのが遅いと「いつまで食ってんだよバカ!」と殴られた。早けりゃ早いで「なに先に食い終わってんだバカ!」と蹴られた。思い出すだけでもつらい日々だ。

偉そうにしてるワリにその先輩はいつもノーアイディアのワンパターンで、何を撮っても同じようなVTRにしかならない。やがて番組の定例会議でそのことが指摘されるようになった。一方、ボクはまだ右も左もわからないアシスタントだったが、会議ではユニークなアイディアを提案することも多く、プロデューサーの評判も良かった。発想力なら先輩にも絶対負けない。もしこの先輩が「どうやって撮ろう？　何かいいアイディアはないかな」と頭を悩ませることがあったらボクが面白いアイディアを出して、鼻をあかしてやる。

そう思っていたら、次のロケでいきなりチャンスが訪れた。ロケ中に先輩が急に頭を抱え、「おい片岡、なんか面白いアイディア出せ。次のネタどうやって撮ったらいいかわかんねーんだ」と相談してきたのだ。

来た。ついにこの時が来た。ようし、面白いアイディアを出して、この男をギャフンと言わせてやろう！　そう思った。が……。

その日は特に先輩の機嫌が悪かった。朝、集合場所でいきなり飛び蹴りを2発食らった。ウエストポーチの柄が気に入らないというよくわかんない理由だ。午前中だけで、何だかんだ理由をつけては10発以上殴られていた。人間というのは不思議なもので、痛めつけられたり虐められているとどうしたってネガティブになる。心が萎縮したうえに、突然訪れたチャンスに緊張したのか、なぜか頭に何も浮かばない。落ち着け、早くアイディアを出せ！　焦れば焦るほど、頭の中が真っ白になっていく。結局、ボクは口ごもったまま何も言えなかった。先輩が鼻で笑った。

「何だよ、ったく。使えねーヤツだな」

その晩、ボクは泣いた。悔しくて悔しくて涙が止まらなかった。そして、その時に決めたのだ。いつかボクがディレクターや監督になってスタッフを使う立場になったら、絶対に下の人間を怒ったり叩いたりしないって。遊んでるぐらい楽しい撮影現場にするって。だって、そういう雰囲気なら、面白いアシスタントがボクの思いつかないとんでもないアイディアを提案してくれるかもしれないじゃないか。

実際、片岡組では撮影部や照明部はもちろん、美術やメイク、俳優のマネージャーや付き人にいたるまで、新人だろうが駆け出しアシスタントだろうが、面白いアイディアがあればジャンジャン提案してくれる。いいのがあれば全部いただき。そしてそれは当然、監督であるボクの手柄になる。わっはっは、ざまあみろ。

6

化ける

猫の得意ワザは、化けること。

猫ではありません。
スミレの花です。

ちょびヒゲひとつで、
オッサンに変身。

姫でごじゃる。

女子高生です。
若干ヤンキー系ですけど。

バニーちゃん。

アメリカザリガニ。

くじゃく。

でんでん虫虫、かたつむり。

スーパーマン。

バットマン。

ロボ。

宇宙飛行士。

トカゲに食われた。

これじゃただのコスプレ
じゃないかって？

どう見てもシャチホコです。

バカにするな、衣装などなくても
この通り。（銅像に化けています）

完全にカラヤンに化けてるやん。

どっちがぬいぐるみか、わかる？

グラマー。

2匹で狛犬に化けました。

4匹でマトリョーシカに化けました。

植木鉢の土。

水。えっ？　水？
うーん……。

これはお見事、カレーライス。

犬のウンコ。

化ける女

たとえばドラマなどを撮っているとよく思うのだが、ボクは女優さんが大好きだ。男優さんよりも断然女優さん。えっ？ そりゃそうだろって？ ボクは男だし、しかもその男の中でもかなりスケベな方だし、美人ばかりの女優さんが嫌いなはずがないだろって？ それは否定しないが、そうじゃない。女は化ける。だから好きなのだ。

女優さんというのは、メイクひとつ、衣装ひとつで、別人のように見えたりする。照明ひとつ、撮り方ひとつで、まったく違う人物に変身しちゃうことがある。だから、撮っている側からすると非常に面白い存在だ。男優さんは何をしても変わらない。いい意味でも悪い意味でも、化けてはくれない。きっと、男の魅力というのは、内面からにじみ出てくるようなモノなんだと思う。対して、女の魅力というのは、たったひとつの化粧や衣服1枚に大きな影響を受けて変化するシロモノなのかもしれない。

さらに告白すると、ボクはどちらかと言えば、芝居のうまい女優さんよりも、あまり上手ではない女優さんの方が好きだ。その方が、より「化ける」から。ついでに言うと、他の作品で当たり役を演じた女優さんよりも、どの作品に出てもそんなにパッとしない女優さんの方がやりやすい。キャンバスは真っ白である方がいろんな色を塗りやすいからだ。

深夜ドラマなどを撮っていると、たくさんの新人女優さんにお会いする。新人女優はまだ何の色にも染まっていないから、ボクにとっては最高の素材になってくれる。中には本当に何もできない女優さんがいる。お芝居以前に、脚本を渡してもそこに書かれた人物像や隠れた感情を読み取る力がなかったり。ひどいのになると漢字がまったく読めなかったりする。たいていの監督はそんな女優さんに出くわしたら頭を抱えるらしいが、ボクは違う。いつもの何倍もやる気が出てくる。

お芝居で感情表現するということは、簡単に言えば人間の喜怒哀楽を見せるということだ。お芝居の下手なコというのは、この喜怒哀楽の表現ができない、いや、正確に言うと「哀」がちゃんと伝えられないコである。喜と怒と楽、この3つはお芝居をした経験がない人でも案外できちゃうのだ。ヤッホーと喜んだり、コノヤローと怒ったり、キャッキャと楽しんだり、そういう感情は普段友だちと遊んでいる時にだって十分に表現している。時には相手に気を使って、半分お芝居のようにそういう感情を伝えていることだってあるだろう。ところが「哀」、つまり哀しみというのは、ほとんどの場合は見えないように隠してしまう気持ちなので、表現手段を持っていないものなのだ。

名前を出すのは控えるが、過去にいくら演技指導してもこの「哀」のお芝居ができない女優さんがいた。脚本には「寂しげに佇む」というト書きが1行書いてあるだけだが、ドラマ全体からするととても大事なシーンだった。

この時ボクは「おととい何を食べたか覚えてるか?」と彼女に聞いた。覚えてないと答える彼女に「思い出せ。じっと考えてろ」と命じた。考え始めた彼女の姿をモニターで見て、ボクは確信した。よし、後はカメラワークと音楽を乗せるだけでも十分イケる!

ボクの演出で、彼女が寂しげに佇む女に化ける瞬間だった。これだから監督はやめられない。

7

切ない

まずは猫たちの切ない
表情をご覧あれ。

うーん、切ない。

切なすぎるっ。

誰かなんとかしてあげてー！

気持ちより先に
顔がくじけちゃってる。

この顔を切ないと言って
本当にいいのか？

何があった？（笑）

猫が切なくなる状況とは
どんな状況か。

前が見えない。

つかめない。

逃げられない。

降りられない。

目立たない。

やっちまった……。

はさまれた！

仲間じゃなかった！

匂いだけ。

見てるだけ。

見てるし、匂いもするし。

これより先、涙腺の弱い人は
切なすぎて泣いちゃうかも。

誕生日が嬉しすぎる……。

家に比べて体が小さすぎる……。

誰がやったか、答えられない……。

主人に怒られた！

危険物扱い。

「俺の胸で泣け」

「切ない」の英訳

若い頃にイギリス人の女のコと付き合っていたことがある。と言ってもボクは英語なんかまったくできない。彼女の日本語がとてつもなくうまかったのである。彼女は新聞記者の特派員で、とても頭が良かった。

出会いはバーだった。酔っ払ったボクが「そこのガイジンさん英会話教えて〜ん」と絡んだのだ。我ながら、失礼極まりない。しかし彼女はやさしく微笑んで「オッケー、レッスン」と言ってくれた。そして、英語の質問を３つ続けたのだ。

「あなたの両親はイギリス人か？」

「日本で最も低い山は富士か？」

「今までに人を殺した経験があるか？」

答えはもちろん全部ノーだ。すると、今度は日本語でこう言った。

「次はあなたが質問をしてください。私が絶対にイエスと答える質問を」

どうです？　なんとも知的でカッコイイ女でしょ？　このやりとり一発で、ボクは彼女に惚れてしまったのである。

しかし半年後、別れは突然やってきた。彼女が帰国することになったのだ。「切ない。とても切ない」彼女は何度もそう言った。別れ話が終わると、今度は明るくこう言った。

「私が日本語で一番好きな言葉はね、切ない。英語にはない言葉だから」

「えっ？」

びっくりした。イギリスの映画や小説にだって切ない話なんかいくらでもある。なのに「切ない」という言葉が英語にはないの？　じゃあ切ない時は何と言うんだ。

「言葉がないんだから、言いようがない」

いくら聞いても、英語にそんな言葉はないと彼女は言い張った。言葉以前に、感覚自体がないのだと言う。切ないは「悲しい」でも「寂しい」でもない。胸の奥をギュッとつままれたような僅（わず）かな痛み。もどかしくてやるせない気分。それは日本人特有の感覚だと言うのだ。無理矢理でもいいから英語にしてみてよ、と頼むと、彼女はスラスラと英語をつぶやき、すぐにそれを日本語に直訳してくれた。

「私は本当は違う選択肢を選びたかった。でもそうするワケにはいかなかった」
えっ？　それが「切ない」の英訳？　なんだかピンと来ないなあ。
最後に彼女は言った。
「Kの作る映像はいろいろなモノがあるけど、私が一番好きなのは、切ない作品だよ」
あれ以来、どんなナンセンスな仕事をしていても、ボクはどこかでずっと追い求めているような気がする。日本人にしか分からない、切ない感覚。その感覚を共有できる映像作品を。
そして、最近やっと気付いたのだ。人が切ない気分になる時、そこには必ずあの心情があるってこと。そう、彼女が英訳した「本当は違う選択肢を選びたかった。でもそうするワケにはいかなかった」という気持ちだ。
あの時、彼女が本当に選びたかった選択肢が何なのか。それはいまだに謎である。

8

大好き

猫が大好きな物や大好きな場所をダダダッとご紹介。

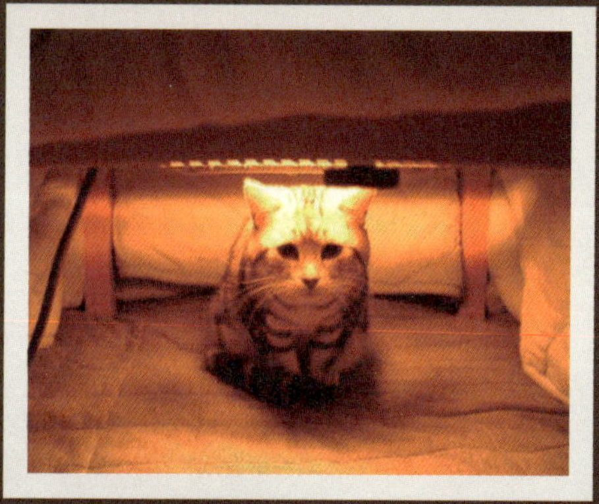

ザラザラした壁が好き。

引き出し。

ティッシュ。

ストーブの前。

冷蔵庫の上も好きだけど——

冷蔵庫の中も好き。

ゲーム大好き。

洗濯機の中も好き。

お金大好き。

ルンバ大好き。

食べちゃいたいぐらいに大好き。

臭い場所も大好き。

丸くなるのが大好き。

死んだふりも大好き。

ピアノ。

袋。

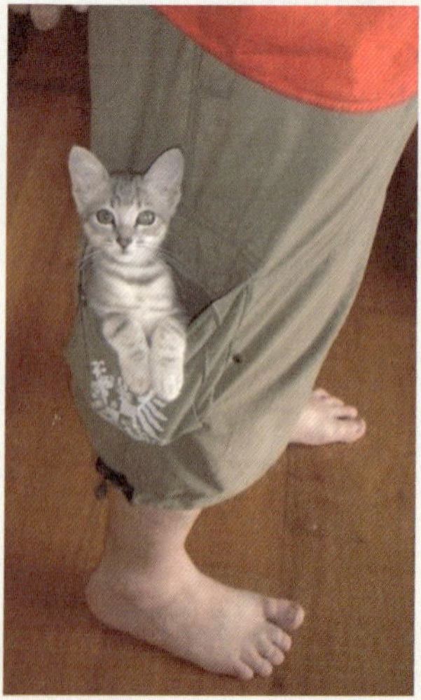

ポッケ。

ブタ。

ランドセル。

干したパンツ。

クロネコヤマト。

ゆうパック。

散髪？

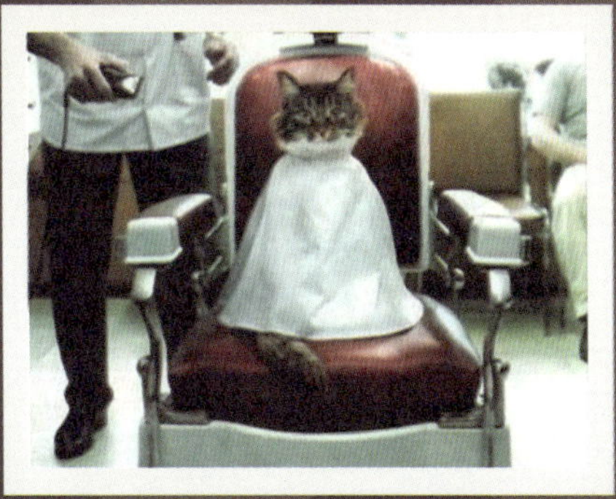

徹マン？

出会い系!!

ボクの大好物

ある時ある人に、こんな質問をされた。

「死ぬ前にあとひとつだけしか食べられないとしたら、最後に何食べます？」

難しい質問だなあ。松阪牛とか？ あ、大間のマグロか？ そうか、松茸（まつたけ）っていう手もあるか。いや待て。毛ガニだってあるぞ。うーん、どうしようどうしよう……と悩んでいたのは言葉だけで、ボクの頭にはひとつの食べ物が浮かんでいた。それは果物。桃だった。仕方なくボクは「桃」と答えた。

ん？ 今まで全然意識したことなかったけど、ボクの大好物って桃だったの？ そう言えば思い当たるフシがあった。ミネラルウォーターを買おうとコンビニに立ち寄りながら、桃の天然水なんていう甘いジュースを買ってしまった経験が何度かあった。しかも「桃フェチ」の可能性もあるような気がした。だって、あのほんのりピンク色したお尻みたいな形、いいじゃん。男心をくすぐられるじゃん。だって桃って英語でピーチだ

うかそうか、桃フェチか。それにしてもなぜ今までボクは自分の好物が桃だと気付かなかったのだろう。

振り返れば桃には2つの思い出があった。ひとつは小学生の頃の記憶。学校から帰ったら、母がいなかった。喉が渇いて冷蔵庫を開けると桃があった。ボクはその桃を手に取り、台所の流しの上で丸かじりした。母がいたらそんな贅沢な食べ方はできなかったかもしれない。頬張るたびにこぼれる桃の果汁。あの時の、あのジューシーな桃の味。今でも忘れられないなあ……。

もうひとつは、高校生。当時付き合っていた女のコが初めてお弁当を作ってくれた時の記憶だ。彼女がタッパーを開けると、小さく一口サイズにカットされた桃が現れた。と、彼女が急に慌て出す。

「どうしよう、フォーク忘れちゃった！」

お箸で食べればいいじゃん。大丈夫だよ！　と言いかけたボクの口元に、彼女の指が桃を運んで来た。そう、いわゆる「あーん」の状態。あれが、ボクにとって人生初の「あーん」であった。思い出すなあ。桃の味は、青春の甘酸っぱい記憶でもあったのだ。

行きつけの料理屋で、デザートに桃が出た。あのさ、こないだ死ぬ前に何が食いたいかって聞かれてさ、桃って答えたんだよ。そう言えばそうなの、桃が好物だったの。死にそうになったら桃持って見舞いに来てね、へへへ。すると女将（おかみ）は言った。

「病院なんだから、お見舞いのフルーツの中に桃ぐらいあるんじゃない？　そうね、死ぬ前だもん、口なんか渇いちゃってカラッカラだし、水分のある果物がいいよね」

あれっ？　あの質問を受けたボクの頭に桃が浮かんだのは、「死ぬ寸前」という状態をリアルにイメージしたせい？　確かに衰弱しきった体には霜降り肉や大トロはトゥー・マッチだ。桃ならそこらにありそうだし。何だ、そういうことか。

「ふーん、Kさんの好物って、桃なんだ」

ボクは慌てて女将に言った。いや、やっぱ松阪牛。だってウマイもん！

9

大嫌い

猫が最も恐れるモノ。それは掃除機。

スイッチを入れた途端、身を隠す。

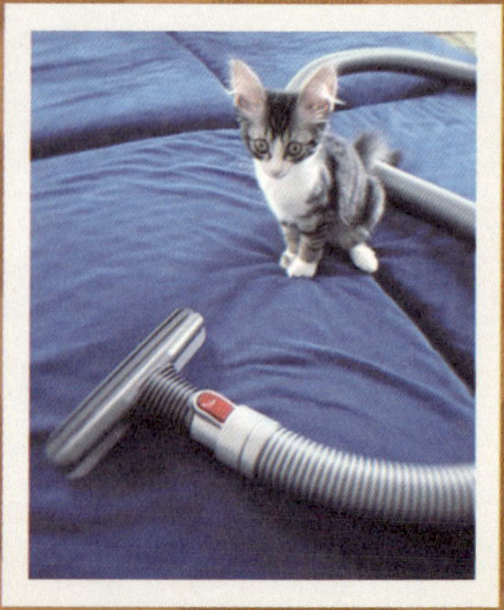

恐怖のあまり、姿を見ただけで
固まってしまうことも。

同じぐらい嫌いなのは、シャワー。

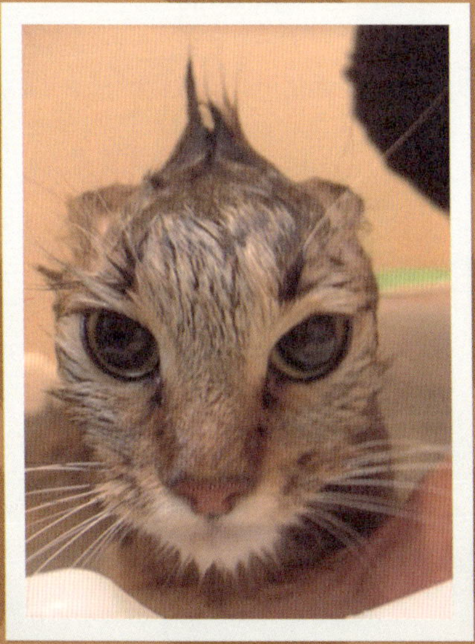

シャワー浴びるとこうなります。

寒いから雪も大嫌い。

ブルブルブルブルッ。

何だお前っ、アッチ行けっ！

知らない生き物は、怖い。

フシーッ、ならば必殺技を。

怪しいヤツがいた。

「動くな」……あっ！

お、お、押すなって。

誰だ？　誰なんだお前！

さらに嫌な予感が
全身の毛を逆立てる。

あの犬、大嫌いだ。

この犬も大っ嫌い！

はうあっ!!

信頼できる犬は、
お前だけだな。

だから噛むなー！

舐めるなー！

こ、このヤロウ。
色っぽいじゃねえか。

だあーっ。

やめてくれーっ!!

へん、メチャメチャにしてやったぜ。

ホントは怒られるのが一番嫌いです。

よそのコ、大嫌い

ボクは子どもが嫌いだ。いや、正確には自分の子どもは嫌いじゃなくて、大好きだ。長男と次男、男の子2人だが、その可愛らしさはもはや犯罪だ。アジア全土の可愛い男子ランキングでおそらく2位と3位がウチの2人だろう。絶対1位だとか、世界で……なんて、そんな親バカ発言をする気はないよ。

それに比べて、よそのコはなんと憎たらしいことか。つい先日も愛くるしい次男と公園で楽しく遊んでいると、見知らぬガキが近づいて来た。そして、わざわざボクたちの前の鉄棒で逆上がりを始めた。「どう？　俺の逆上がり！」と言いたげなドヤ顔だ。んあああ……可愛くないっ、嫌いだ。よそのコ、ホント大っ嫌い。

子ども好きのお父さんならば、「スゴイねえ、キミ」なんて声を掛けてやるに違いない。だがボクは死んでもそんなこと言わない。大人げないと言われようとヒトデナシと言われようと、絶対にそんな言葉を掛けるものか。だって一度でも言ってごらんよ。あいつら絶対に調子に乗るんだから。そして、100回でも200回でも「スゴイねえ」って言わせようとしてくるんだから。いっそのこと「それがどうした？　あ？　それがどうしたんだよ！」と詰め寄ってやりたい気持ちだったが、さすがにそれはやめた。ブランコ横から女性がこっちを見ている。おそらく、このガキの母親だろう。

ほめてもらえない逆上がりを諦め、そのガキはすべり台に登って遊び始めた。次男はそれを羨ましそうに見ていた。やがて次男もすべり台へ向かう。仕方ない。あのガキは憎たらしいが、すべり台で一緒に遊んであげなさい。そう思って送り出したボクは、直後に信じられない光景を見てしまう。

「ダメー！　来ちゃダメー！」

あろうことかそのクソガキは両手で大きなバツを作り、うちの次男がすべり台で遊ぶことを拒絶したのである。いったい何の権利があって公共の遊具を独占しようと言うのか。しかも愛くるしい次男のハートを傷つけるとは。ちくしょう、もう我慢ならねぇ！ここは父親のボクがバシッと言ってやる！　拳（こぶし）を震わせながらボクは立ち上がった。と、ガキの母親がまたこっちを見ている。ならば仕方ない。ボクは、誰が見てもフレンドリーなステップで、次男とクソガキのもとへ近づいた。表情はニッコリ笑顔だ。そしてクソガキのすぐ近くまで顔を寄せて、母親の位置からは絶対見えないアングルから鋭い眼光でガキを睨みつけた。唇をほとんど動かさないまま、ガキにしか聞こえない低く静かな声でこう言った。

「ここはてめぇのすべり台か？　あ？　違うよな。みんなのすべり台だよな？　あ？」

ガキは顔を引きつらせていたが、小さく1回、頷いた。ようし、わかればいい。今回だけは許してやる。「さあ、帰ろう！」ボクは母親にも届く明るく爽やかな声で次男にそう言うと、何事もなかったように公園を立ち去った。自転車にまたがって走りだしたら、それまですべり台に立ち尽くしていたガキが急にヒックヒックと泣きだして、母親の元へ駆け寄った。

「あらマー君、どうしたの？　何泣いてるの？」

さあ次男よ、家までダッシュで帰るぞ！　ボクは猛スピードで自転車を漕いだ。

10

トモダチ

生まれた時からずっと一緒。

どや。わしのトモダチ。

大勢で食うメシはウマイ！

ぼくたち仲良し。

こいつもトモダチにしてやるか。

いいよ、お前も。

みんなトモダチってことで。

くんくんくん。よし、入れ。

こいつもまあ、いいだろう。

デカいのも、トモダチ!

よしよし、お前も仲間にしてやる。

小さなトモダチ。

トモダチにハイタッチ！

仲間だから――

動きもシンクロ。
（ちゃんと動いてないのは誰？）

「重いか?」
「重い」
「重いぞ」
「ぎょえっ」

ついて来い、行くぞっ。

不良仲間だあ。

冬は寒い寒い仲間。

洗面所仲間。

夜の遊びに誘う仲間。

ひと味違う仲間なんだ。

仲間がテレビ出演！

こいつとはチェス仲間。

細木先生、ぜひオトモダチになってください！

トモダチ？　恋人？

あーっはっはっは、
トモダチは最高だなあ。

トモダチがいない

言うたびに驚かれるのだが、ボクにはトモダチがいない。これでも結構社交的な性格だ。顔も広い。だから、知人（そのほとんどは仕事仲間）ならばいくらでもいる。だが、仕事も利害関係も取っ払い、お互いに気を使ったりすることなく腹を割って語り合える友がいるかと聞かれると、悲しいことに誰ひとり思い浮かばないのである。学生時代にはたくさんいたのだが、かれこれ20年以上彼らとは連絡を取っていない。もちろん、ボクにだって2人っきりで酒を酌み交わせる仲間がいないというワケではない。だがそれはうんと年下の若手放送作家だったり尊敬する俳優さんだったりして、友ではない。仮にボクがトモダチだ！　なんて思っても、相手がボクをトモダチだとは思ってくれないだろう。こうしてひとりずつ消去法で消していくと、いつも誰ひとり残らない。

しかし不便なことは別にない。寂しいような気もするが、それよりむしろ煩わしいことが何もなくて助かっている。ボクはFacebookをやらないが、その理由は、実生活の知人ばかりを勝手に集めて来るからだ。知ってる人間たちに向けて呟いたらさぞや気を使うことだろう。あれが楽しいという人の気が知れない。ボクはTwitterでも実生活の知人は極力排除している。見ず知らずの人と語り合えるのが魅力なのだ。

「Kさんにトモダチがいないのは、それが原因かもしれませんね」

村島リョウという男がそう言った。彼はボクより10歳下の元お笑い芸人で、ボクとの付き合いはかれこれ20年になる。ボクの性格もよく知っていた。

「つまりKさんは最初っからトモダチと付き合うのが面倒で嫌いなんです。だってホラ、Twitterで劇団作る時も言ってたじゃないですか。知り合いかき集めて芝居見せるような劇団だけは絶対やらないって」

なるほど、そうかもしれない。別に人と付き合うのが面倒だとは思わない。ただ、仲間や知人を誘って、たいして見たくもないであろう芝居を見てもらうのは耐えられないと思った。だって見る方も見せる方も、気を使うじゃん。そういう変な気を使うのが嫌いなのだ。だからボクはTwitterを使って劇団を作った。できるだけボクの知らない人たちに興味を持ってもらって、「見たい」と思う人だけに見てほしかったのだ。

振り返ってみれば、麻雀を一切やらないのも理由が似ていた。雀卓を囲むのは仲間だ。トモダチだ。勝っても負けても、仲間同士で小遣いを奪い合うことになる。あいつからあんなにもらった、あいつにあんなに取られた、そんなことに気を使うのが嫌だった。だからギャンブルはもっぱら競馬専門。競馬なら、お金を出すのももらうのもＪＲＡの窓口だ。そこが気楽だったのだ。

「そういう遠慮があったらダメですね。本当の意味でトモダチにはなれませんよ」

村島が偉そうにそう語った時、ちょうどタバコを切らしたことに気付いた。悪いけど小銭貸してくれ、タバコ買って来るから。そう言おうとして、あ、こいつには遠慮なく何でも言えるなあと思ったりした。

「なあ、お前は？　お前は俺のトモダチじゃないの？」

「いや、トモダチ……ではないですよね。だってホラ、歳も下だし……」

おい村島。ここはトモダチって言ってくれよ……。寂しいじゃんか。

11

オシャレ

「ファッション対決」
一番オシャレなのはどの猫？

オシャレってのはたとえばこういうのを……

こんな風にしちゃったりするセンスだからね。

蝶ネクタイの方がオシャレよ。

ネクタイつけてみましたっ。

そうだよね。知性を感じるよね。

賢く見せるんなら、メガネ！

オシャレなメガネじゃなきゃ。

メガネはいいのう。
ネクタイもいいのう。

帽子もいいと思わない？

どうだい、このカラフルな……。

自分ガテン系なんで……
オシャレとかはあんまり……。

見て見て、帽子！
帽子あったよー！

メリークリスマス！

日本人なら祭りだっ。
日本の祭りだよっ！

あんたらには個性が足りねえな。

「オシャレな行動」こんなことする猫、ステキ！

夏はいつもバカンス。

足をクロスできる。

趣味は一眼レフ。

週末だけDJ。

ヨガを続けている。

突然プロポーズしてくる。

「オシャレな写真館」
センスが光る、猫の写真！

ストーブにて。

両乳。

猫の目。

フルートの調べ。

夜景に背を向けて。

獲物がいる。

オシャレな言葉

ボクが若い頃、「オシャレ」という言葉が絶対的なパワーを持っていた時期があった。たとえばオシャレなレストラン。あるいはオシャレな音楽、オシャレな映画、オシャレなデート。オシャレな男にオシャレな女、オシャレな並木道にあるオシャレなカフェバー、オシャレなカクテル飲んでオシャレなホテルで一夜を過ごそう……。そんな風に何でもかんでも「オシャレ」という言葉を付けてしまう、いかがわしい時代だった。今考えるとよくわからない。何だオシャレな映画って（笑）。いくらファッショナブルに飾りたてようと、いくらスタイリッシュな映像を並べようと、つまんない映画はつまんないじゃない。なのに「オシャレ」という言葉をくっつけただけですべてを超越してしまう。カッコ良くて満足できそうな気がするのだ。なぜならボクらが使う「オシャレ」という言葉には「洒落ている」という本来の意味に加え、「気の利いた」とか「雰囲気のある」とか「差別化された」とか、プラス的要素の意味はほとんど全部含まれていたからだ。

あれからずいぶんと時が経ち、どこの企業でもボクたちの世代がそこそこ偉い役職についた。今、世の中を見回すと実に面白い。地方のスーパーや商店街、オジサンの普段着や生活雑貨。ちょっと前までダサくて野暮ったかったはずの場所や物も、すべてそれなりにオシャレになっていることに気付くはず。そう、今ニッポンで一番決定権を持っているのは、何でもかんでもオシャレという言葉で乗り切った世代なのである。

ボクより下の世代は「カワイイ」という言葉を同じように使っていた。カワイイにもいろんなイントネーションや言い回しがあり、TPOに合わせて使い分けていたようだ。ちょうど今、その「カワイイ世代」が「オシャレ世代」に変わってリーダーシップを取り始めている。そういう視点で世の中を見回すと、これまた面白い。ヒット商品や注目を集める現象には、どこかに必ずカワイイ！　と思わせるエッセンスが加わっていることに気付くはず。

では、今の若者にはそんな便利な言葉はあるだろうか？　もちろんある。今、彼らの間で絶対的なパワーを持つ言葉は「ヤバイ」だ。
ボクたちオジサンにとって「ヤバイ」はまずい、困ったという悪い状況を示す言葉だったが、若者たちは良い状況で使うのが基本だ。悪い状況でなければほぼオールマイティに使える便利な言葉になっている。
焼肉屋で上カルビを口に運んでは「ヤバイ!」、iPodで曲を聞いては「ヤーバーイ」、映画の感動的な場面でウルウルしながら「ヤバイ……」、カッコイイ男子に出会って「ヤバッ」、カワイイ女子に会えば「ヤバくね?」。どいつもこいつもヤバイしか感想を言わない。この言葉のニュアンスがわからなきゃオジサン扱いだ。オジサン扱いされた大人たちは若者言葉を嘆くだろう。だが気にしなくていい。キミたちが社会で活躍する頃には、その言葉が世の中を牽引しているはずなのだ。つまり、ヤバイ物しか売れない時代が来る。ヤバイ場所にしか人が集まらない時代が来る。たとえば? たとえば……そうね、ヤバイ物……か? ヤバイ場所……。何だろう? うーん……。
オジサン、やっぱりこの言葉わからんかも。ヤバイな!(↑使い方間違っている)

12

おブス

おブスなのに？　いや、おブスだからこそ！
にゃんともカワイイ猫たちの写真を集めました。
なぜこんなにおブスな写真になっちゃったのか、
その理由（全部、片岡Kの想像）が書いてあります。

二度寝しちゃう瞬間。

門限を過ぎても
娘が帰宅しない。

目が回って起き上がれない。

面白くないダジャレを聞かされた。

イヤだイヤだと必死に拒否。

「やべっ、また体操着忘れた！」と心の中で叫んだ。

魚眼レンズに近づきすぎた。

見たことない新種の
ゴキブリに遭遇した瞬間。

今さら寿司が苦手なんて
言えない……と悩んでいる。

給油し終わった後で
ガソリンの値上げに気付いた。

審判に退場を命じられたが、
理由がわからない。

バレバレの嘘（しかも5回目）を
聞かされている。

慣れればシャワーも
悪くないと悟った。

真夜中に全然知らない人が
訪ねてきた。

姉のことを「誰とでも
寝る女」と侮辱された。

いくら待っても、店員が
水を持って来ない。

「そんな小さい声じゃ
聞こえねえよ」とアピール中。

「おじいちゃんのお口、臭い」と孫に言われた。

ワインをテイスティングをする夢を見ている。

初体験の話を語っている最中、ひとりで思い出し笑い。

おととい何を食べたか、どうしても思い出せない……。

朝ごはんをかれこれ2時間待っている。

両親の話を盗み聞きしたら、
自分が養子だったことが発覚。

ディープキスで舌を受け入れる
練習を始めた。

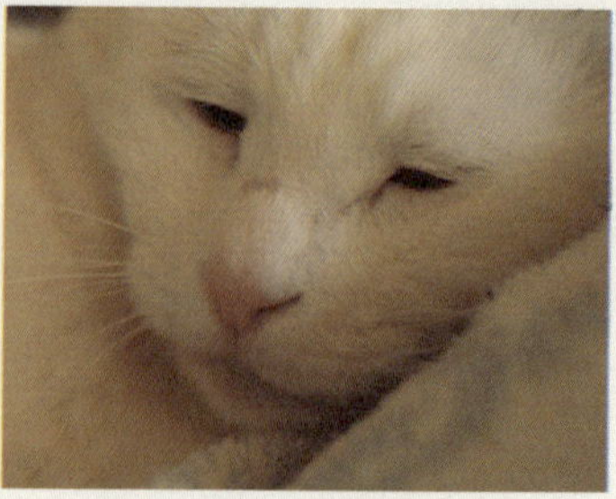

いくら探しても、主人の
形見が見つからない。

女なのに、また
男と間違えられた。

ブルーレイという機械の説明を聞かされて
いるが、意味がまったくわからない。

おブスの中にアリ

きっと共感してもらえないだろう。それでも聞いてほしい。たとえば1クラス40人のうち女子生徒が20人いるとしよう。

どこの学校のどこのクラスでも、女子が20人いれば5人ぐらいはそこそこ可愛いコがいる。男子としてはまずそこに、ロックオンだ。残り15人の女子をもう一度よーく見てみれば、たぶんあと5人ぐらいは、まあまあ可愛い、可愛いかもしれない、可愛いことにしておけ、そんなコが見つかる。で、残った10人の女子は、もはや男子にとってはどうでもいい存在。ホント失礼な話なんだけど、そこにはもう「おブス」しか残っていないのである。その他大勢なのだ。問題外なのである。

だがしかし、そこにいたのだ。ボク的に「いや待て、あいつはイケる！　あいつだけはイケるのだ！」と思わせる不思議なおブスが、なぜか絶対ひとりいたのである。ホント毎年必ずいたのよー。マジなのよー。

そんな秘めたる気持ちを他の男子に吐露しようもんなら大変なことになったはず。

「えーっ？　お前アレがアリなの？　うわあ信じらんねっ」なんて呆れられて、いつの間にかクラス中に伝わってるパターンだ。冷やかされてツーショットで歩かされたりして、もう最悪。一生の汚点だ。だから口が裂けても言えない。こんな経験あなたにはあっただろうか？　ボクだけだろうか？

考えてみたらおかしな話だ。明らかにタイプではない、もちろん美人なワケでも可愛いワケでもない、巨乳？　いやいや全然。ひょっとしてどこかにすごいチャームポイントが隠れてるんじゃ……と血眼（ちまなこ）になって探しても、やっぱりない。自分以外の男子にとっては完全なるノーマークのおブス。なのになぜ！　なぜ自分だけアリなのだ！

やがてボクはとんでもない結論に達した。ひょっとすると、これは自分の中に眠っている不思議な能力、いわゆる「第六感」の叫びではないのか。あるいは、神のお告げ、守護霊の計らい、よくわかんないけどそーゆー非科学的な啓示。それならば説明がつく。あんなおブスにボクだけアリアリで、いや、それどころか近頃はときどきオカズにまでしちゃってるなんていう恐ろしい現実にだって納得がいく！

もし読者の中にボクと同じ「ひとりだけなぜかアリアリ感覚」を持っていた人がいたとしても、おそらく実際にその女性と交際した男はいないだろう。ボクは勇気を振り絞り、その禁断の果実に手を伸ばしたのだ。あの年、彼女にフラれて次の彼女ができるまでの空白の半年間。絶対誰にもバレないよう細心の注意を払いながら、ボクはそのアリアリ女と付き合ってみたのである。そんな冒険野郎なのよー。マジなのよー。

実際付き合ってみてどうだったか、結論だけ述べよう。あのアリアリ女こそ、歴代の彼女の中でも（ルックスを除けば）最高の女だった。ウソじゃない。一緒にいるだけで楽しかった。何を話しても面白かった。そしてなにより、ボクを人間的に成長させてくれた女性なのだ。これからはアリアリ女とだけ交際しよう！　本気でそう思ったほどだ。だがある日、ボクはその女に突然フラれてしまった。

あれ以来、ボクは一度もアリアリ女と付き合ってない。だってアリアリにフラれるのって、ホント凹むのよー。マジなのよー。

13

意外性

猫の意外な一面を教えましょう。
あなたの知らない

本当は「お手」ができる。

嫌いじゃない掃除機もある。

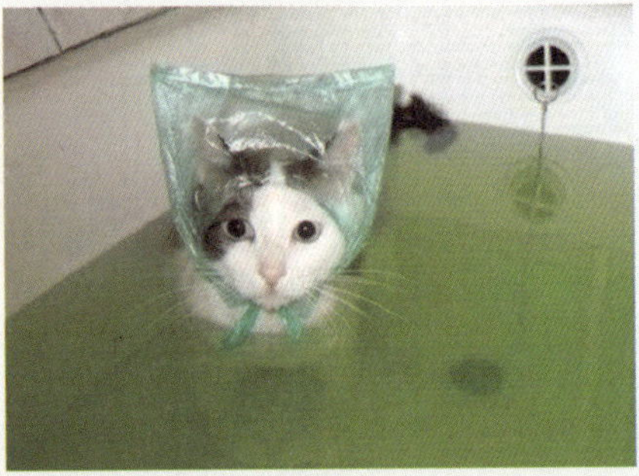

かなり長風呂。

湯加減にはなかなかうるさい。

頼めば毎日お洗濯をしてくれる。

軽自動車なら運転できる。

しかし、ハンドルを握ると
性格が変わる。

電気やメカに強い。

2ちゃんねるの常連。

Windows よりも Mac。

元YMOの一員だった。

猫背ではない。

体内にPASMOがあるのに、
チャージされていない。

特技は「読み聞かせ」

1面だけなら5秒以内に
揃えられる。

怒るとネコパンチを繰り出す
と思われているが……。

ネコキックはその数十倍の
破壊力を持っている。

格闘技で負けたこと
など一度もない。

低い方の血圧を
いつも気にしている。

イヤホンは嫌いで、
昔ながらのヘッドフォン派。

どこかにスイッチがあるらしく、
押すと目が光る。

月曜だけはちょっとブルーになる。

好きな監督、オリヴァー・ストーン。

男同士の恋愛にまったく抵抗がない。

意外性の男

ジャイアンツの江川がマウンドに上がる時、捕手はいつも山倉だった。誰が言い出したのか知らないが、山倉のあだ名は「意外性の男」だった。意外な場面で意外な長打を打つことがあったからだ。ということは実は「ほとんどの場合、打たない」ということなのだが。山倉は捕手としては非常に有能だったが、打撃となるとまず期待できなかった。打順は8番、打率も1割台だった。だが、「意外性の男」というキャッチフレーズが相手に恐怖心や警戒心を与えたのか、いつの間にかそこそこ打つようになったから面白い。いい時は打率で2割7分、ホームランは20本ぐらい打った記憶がある。とにかくボクにはこの「意外性の男」というキャッチフレーズが強烈な印象として刻まれた。短所を短所のままで終わらせない、それどころか、あたかも長所であるように錯覚させてしまう逆転の発想、魔法のような言葉だと思った。こういう発想がボクは大好きだ。

昨年、フランスから国際電話がかかってきた、昔ボクとコンビを組んでいたカメラマンからだった。彼は奥さんと小学6年生の娘を連れて、フランスへ移住したばかりだ。
「今度学校で演劇をやるらしいんだが、娘がその主役に抜擢されたんだよ」
「えっ？　だって言葉は？　さすがにまだフランス語は話せないでしょ？」
「俺も不安になって学校に言ったんだ、娘にはまだ無理だって。しかしよく聞いたら、主役は主役でも、日本語しか喋れない少女の役らしいんだよ。いや、こう言ってたな。不思議な言葉・日本語を喋れる少女の役だって」
ボクは感動した。さすがは芸術の国・フランスである。短所を短所では終わらせない、それはむしろ長所であり、いや、それこそが彼女の「個性」なのだ。どんなコにも自分を光らせるポジションがあるのだ。

Ｔｗｉｔｔｅｒでの呼びかけをきっかけに、フォロワーたちを集めてツイゲキという劇団を作った時、ボクはこの「意外性の男」あるいは「日本語を喋れる少女」のような存在をどうしても作り出したかった。ツイゲキはプロアマ混合の劇団なので、百戦錬磨の舞台役者から、人生で初めて舞台に上がるズブの素人まで揃っている。それがこの劇団の個性だと思ったのだ。

そして、意外性の男はすぐに見つかった。どんなセリフを言わせても直立不動でまっすぐの棒読みしかできない男・森本だ。しかも極度のアガリ症で、舞台に立つと緊張して必ず妙な失敗をやらかす。セリフは何度読ませても一緒だった。とにかく今どき小学校の学芸会でもそんな棒読みセリフ聞いたことねえ！　そう言いたくなるほど見事に完璧な棒読みだった。これは皮肉でも何でもない、彼のセリフが舞台から聞こえてきた時はものすごく新鮮で、とにかく面白かった。

今では森本はツイゲキのメイン役者のひとりだ。彼の棒読みセリフがどれほどの破壊力を持っているかは実際に舞台を見て確認してほしい。慣れてきたのか、近ごろほうっておくとセリフがうまくなっていたりする。バカ、何上手くなってんだ。お前の持ち味は棒読みじゃねえか。練習なんかするんじゃねえ！　つーかお前、なんで俺は役者に向かってこんな説教してんだ。おかしいだろ！

さすがは「意外性の男」である。

14

可愛すぎる！

最後に、猫の可愛さを思う存分に
味わっていただきます！

顔も見えないのにもう可愛いっ。

くーっ、たまりませんなあー。

つないだ手と手が
ハートなんだ。

眠ってもいつのまにかハートだ。

起きたかっ。
うーん、可愛すぎるっ。

眠いの？
あー……頑張れっ。

ペロッ。何この可愛さーっ!!

可愛すぎる!

反則だろこれは。ペローン!
お手上げだもう。ペローン!

女はキュンと恋♥

男はどーんと海！

女は愛嬌、身のこなしなっ。

男は度胸で待ったなしっ。

Profile

片岡 K（かたおか・けい）

映画監督・演出家・脚本家。

「世界の車窓から」をはじめ、「音効さん」「文學ト云フ事」など

カルチャー系深夜番組、「いとしの未来ちゃん」などドラマの演出を手がけたあと、

綿矢りさ原作の「インストール」で映画監督デビュー。

2010 年ツイッターで結成を呼びかけた劇団「ツイゲキ」を旗揚げし、

ツイッター発の自主映画プロジェクト「ツイルム」を始動した。

著書は、『ジワジワ来る○○（マルマル）』（アスペクト）、『ジワジワ来る□□（カクカク）』（幻冬舎）以外に、

「世界単位認定協会」という著者名で出した17万部のベストセラー『新しい単位』（扶桑社）がある。

Staff

画像セレクト・文：片岡 K

プロデュース・構成・編集：石黒謙吾

デザイン：寄藤文平＋北谷彩夏（文平銀座）

編集：菊地朱雅子（幻冬舎）

制作：ブルー・オレンジ・スタジアム

協力：「かご猫」©Shironeko ／プロデュース・伊藤岳（IVS テレビ）

*

ジワジワ来る猫猫（ネコネコ）

2012年 7 月25日　第1刷発行

2013年10月25日　第3刷発行

著者　片岡 K

発行人　見城 徹

発行所　株式会社 幻冬舎

〒151-0051 東京都渋谷区千駄ヶ谷 4-9-7

電話　03（5411）6211（編集）　03（5411）6222（営業）

振替 00120-8-767643

印刷・製本所：中央精版印刷株式会社

検印廃止

（1「寝る」～ 7「切ない」はウェブマガジン幻冬舎に掲載されたものです）

Printed in Japan　ISBN978-4-344-02222-5　C0095

幻冬舎ホームページアドレス　http://www.gentosha.co.jp/

可愛すぎる！

何？　そのポーズ（笑）。

そのポーズは何だーっ（笑）。

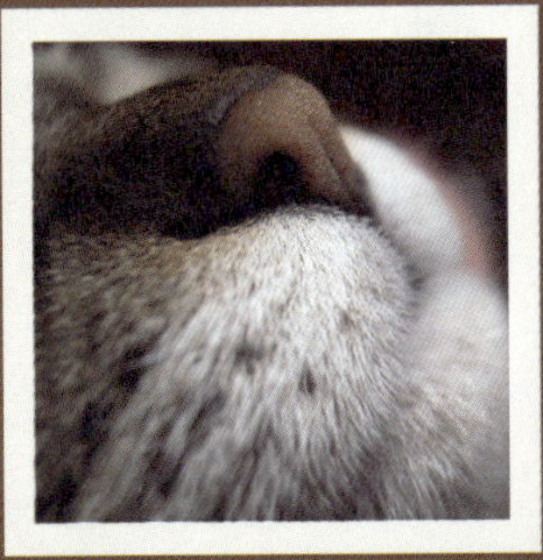

鼻をクンカクンカ。

ににに、肉球っ。ハアハア。

あっち？　こっち？

今度はオトナの肉球だっ。

ぎゅーんと伸ばして。

なななーっ!!

キャハッ。

ええ、たしかに
私たちは可愛すぎますとも。

僕は？　可愛くない？

可愛いに決まってるじゃないのっ。

終わるぞ。挨拶っ。

ありあたーしたーっ。

可愛すぎる女、必勝法

別に映画監督志望だったワケではない。学生時代に8ミリ映画を撮ったこともなければ演劇の舞台を作り上げたこともない。それどころか、特にテレビっ子だったワケでもなかった。そんなボクがなぜ映像業界なんかに入ったかと聞かれれば、理由はたったひとつしかない。可愛い女のコがウジャウジャいそうだったから。ただそれだけ。

想像してよ。県内にあるすべての学校から一番可愛いコだけを集めて、その中からたったひとり、本当に一番可愛いコを決めるとしよう。そんなコを北は北海道から南は沖縄までひとりずつ、とにかく一番可愛かったコたちを集める。そして、全国大会だ。可愛いコたちの中から可愛すぎるコを決めよう。そうだな、多くて3、4人かなあ。その可愛すぎる女のコだけが入れる世界。芸能界ってのはそういう場所だとボクは思ったんだよ。その近くで仕事をしていれば、可愛すぎるコたちにモテモテのウハウハというバラ色の未来が待っている！　そう思ったんだ。なんでそんなに調子のいいことを考えたかって？　それはね、イケメンでも秀才でもスポーツ部の選手でもないくせに、中学・高校・大学と、とにかく常に学校で一番可愛い女のコのハートを射止めて来たって事実が、ボクの唯一の勲章だったからなんだ。おい、ちょっと待て。どこ行くんだよ。ホントだって！　ホントの話なんだってば！　信じてくれよ！

よし、わかった。それじゃ今日は特別だ。どうすればそんな一番可愛いコが自分にメロメロのアヘアヘになってくれるのか、その方法を教えてやるよ。でもいいか、教えてやるから信じろよ。なあ、頼む。信じてくださいお願いしますから！

やっと聞く気になったか。じゃあ教えてやる。その方法は実に簡単だ。いや、どう考えても簡単だろってボクは思うんだけど、今まで教えて来たヤツには結局はできない。できそうでできないから不思議なんだ。そしてなぜかボクには何のためらいもなくできてしまうから、ボクのひとり勝ちになる。いいから、聞けって！　必勝法はただひとつ。可愛いコに、誰よりも早く、そして誰よりも大きな声で、誰よりも力強く「可愛い！」と言うこと。それだけなんだよ。

ウソじゃない！　ホントにホント、それが必勝法なんだ。世の中ってのはホントに不思議なもんでさ、目が覚めるぐらい可愛いコを前にすると、案外誰も言わない。「可愛い！」っていう当たり前の言葉を口に出さないんだよ。本当に可愛いコってのは信じられないぐらい可愛いからね。目の前にいると、息飲んじゃうばかりで言葉なんか出てこない。第一、言葉なんかにしなくたってみんなわかってるからね。だから言わないんだ。だけどね、どんなに可愛い、いや、どんなに可愛すぎるコだって、面と向かってハッキリ「可愛い！」って言われたら、それはもう気分は最高、心から嬉しいんだ。その日1日、スキップしながらクルクル回りたくなるほどハッピーなんだよ。その言葉を言ってくれた男の顔は一生忘れないだろうね。本当だよ。少なくとも嫌われることなんか絶対ない。それだけで第一印象は抜群、圧倒的に有利な立場に立てるんだ。おい、待てよ。ったくもう、なんで信じないかなー？　実際にこのボクが実践してきた……おーいっ！

おわりに

いかがでしたか？　『ジワジワ来る猫猫』。

そうそう、理由を書く約束でしたね。

犬派のくせに、なぜ猫の本を作ったのか、その理由を。

実はね、あんまりなついてくれなかったんです、猫のヤツ。

猫ってホント自分勝手だし、気分屋でしょ？

こっちがじーっと見つめてたって、知らんぷり、

そっぽ向いてりゃ、いつの間にかすり寄って来る。

そんな猫の気持ちが、ボクにはどうも摑めなくって……。

で、こうやって猫たちをいろんな角度から見つめてみれば、

ひょっとすると今度猫を飼う時には

もっとなついてくれるんじゃないの？　なーんて思ったりして。

そう。

なついてほしかったんです……ホントは。

でも、不思議なもんですねえ。

何千枚という猫の写真を拾い集めて眺めているうちに、

ボクの気持ちはすっかり固まりました。

やっぱり、ボクは犬派ですね（キッパリ）。

片岡　K

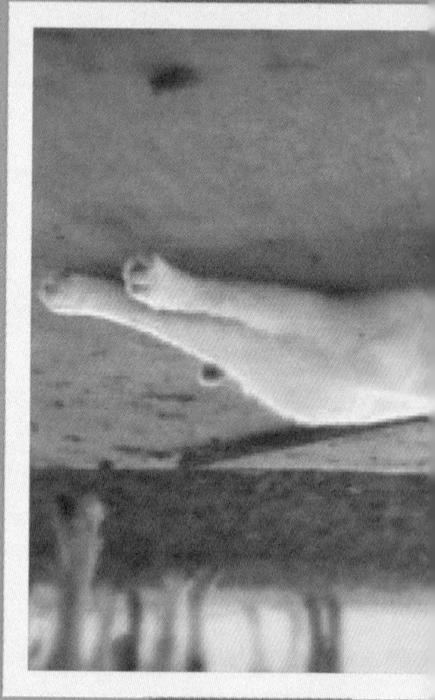